BULLETIN
DE LA SOCIÉTÉ D'HISTOIRE NATURELLE DE COLMAR

ÉTUDE

SUR UNE

CLASSE PARTICULIÈRE DE TOURBILLONS

QUI SE MANIFESTENT

SOUS DE CERTAINES CONDITIONS SPÉCIALES

DANS LES LIQUIDES.

ANALOGIE EXISTANT ENTRE LE MÉCANISME DE CES TOURBILLONS ET CELUI DES TROMBES

PAR

G. A. HIRN

PARIS,
GAUTHIER-VILLARS, IMPRIMEUR-LIBRAIRE
DU BUREAU DES LONGITUDES, DE L'ÉCOLE POLYTECHNIQUE,
SUCCESSEUR DE MALLET-BACHELIER,
[illegible]

ÉTUDE

SUR

UNE CLASSE PARTICULIÈRE DE TOURBILLONS.

COLMAR, IMPRIMERIE ET LITHOGRAPHIE DE VEUVE CAMILLE DECKER.

BULLETIN
DE LA SOCIÉTÉ D'HISTOIRE NATURELLE DE COLMAR.

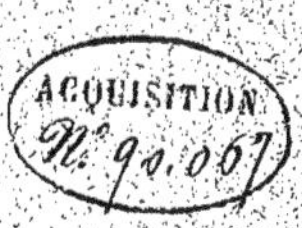

ÉTUDE

SUR UNE

CLASSE PARTICULIÈRE DE TOURBILLONS

QUI SE MANIFESTENT,

SOUS DE CERTAINES CONDITIONS SPÉCIALES,

DANS LES LIQUIDES.

ANALOGIE EXISTANT ENTRE LE MÉCANISME DE CES TOURBILLONS ET CELUI DES TROMBES.

PAR

G.-A. HIRN.

PARIS,
GAUTHIER-VILLARS, IMPRIMEUR-LIBRAIRE
DU BUREAU DES LONGITUDES, DE L'ÉCOLE POLYTECHNIQUE,
SUCCESSEUR DE MALLET-BACHELIER,
Quai des Augustins, 55.
1878.

ÉTUDE

SUR

UNE CLASSE PARTICULIÈRE DE TOURBILLONS QUI SE MANIFESTENT SOUS CERTAINES CONDITIONS SPÉCIALES, DANS LES LIQUIDES.

ANALOGIE EXISTANT ENTRE LE MÉCANISME DE CES TOURBILLONS ET CELUI DES TROMBES.

§ I.

L'Académie des sciences de France a reçu dans ces derniers temps plusieurs communications très-intéressantes, concernant les tourbillons qui se produisent dans les cours d'eau, soit sous l'action de deux courants parallèles et accidentellement contraires en direction, soit entre les rives et le courant principal. — Les tourbillons dont j'ai à parler dans ce petit travail diffèrent des précédents, non seulement dans leur origine, dans leur cause, mais encore dans les plus minimes détails du phénomène mécanique en lui-même. Ils ne se manifestent, il est vrai, (du moins dans l'eau) que sur une échelle très-réduite, dans des conditions spéciales, rarement réalisées en grand dans la nature; mais ils n'en sont pas moins très-intéressants à étudier au point de vue de l'hydrodynamique appliquée, et, si je ne suis dans l'erreur, à un autre point de vue bien plus important encore. — J'ajoute maintenant que tous mes lecteurs ont eu maintes fois sous les yeux ce genre de tourbillons, et plus d'un peut-être, au premier abord, sera tenté de dire que c'est du *vieux-neuf* que je fais ici.

Lorsqu'un vase plein d'eau (ou de tout autre liquide très-fluide) se vide par un orifice pratiqué à sa base, on voit très-souvent se produire dans la masse fluide une espèce d'entonnoir ou de trombe, dont la partie évasée se trouve à la surface de la nappe liquide et dont la pointe, très-effilée, se dirige vers l'orifice d'écoulement. — Lorsque nous remplissons d'eau, à pleins bords, un de nos grands entonnoirs de laboratoire et que nous le laissons se vider, en le tenant bien immobile, il s'y produit toujours une de ces trombes d'air, mais le moment où elle apparaît est *très-variable*. — Lorsque nous vidons une bouteille ou un flacon, pleins d'eau, en les tenant bien verticalement, l'écoulement se fait d'ordinaire par intermittences ; l'air rentre par bulles avec un bruit particulier, et l'eau s'échappe par saccades. Il arrive pourtant parfois qu'il se forme tout d'un coup, au centre et sur l'axe vertical, un de ces entonnoirs creux, dont la pointe atteint le goulot du flacon : à partir de ce moment, tout bruit cesse ; l'écoulement se fait régulièrement et rapidement. — Il n'est personne qui n'ait, je ne dis pas *observé*, mais *vu* l'espèce d'entonnoirs ou de trombes creuses que je viens d'indiquer. Cherchons les conditions très-précises dans lesquelles le phénomène se produit, et sans lesquelles il est impossible.

Soit un vase cylindrique vertical de quelques décimètres (3, 4, 5) de diamètre et de hauteur, à fond plat percé d'un orifice central circulaire de 0,010 à 0,015 de diamètre, ouvert par le haut. Fermons l'orifice central, remplissons le vase d'eau, et puis procédons de trois façons différentes.

1º Laissons le liquide devenir bien immobile, puis débouchons l'orifice. L'écoulement va se faire régulièrement, suivant une loi bien connue d'hydrodynamique. Le diamètre du cylindre étant, par exemple, de 0m,5 à 0m,6, et celui de l'orifice étant de 0m,01 à 0m,15, la surface de la nappe fluide restera sensiblement horizontale ; il ne se produira de dépression centrale, et finalement de trombe, que quand le liquide n'aura plus guère qu'un demi-décimètre de hauteur au-dessus du fond. L'orifice étant supposé à minces parois, et étant d'ailleurs bien circulaire et bien dressé, la veine fluide en-dessous du vase sera nette et diaphane, et aura la forme d'un cône à génératrice curviligne ; elle ressemblera, sur une longueur souvent notable, à une barre de cristal.

2°. Laissons l'orifice fermé, et avec une grande spatule, donnons à la masse liquide un mouvement de rotation assez rapide autour du centre; puis abandonnons le liquide à lui-même. Nous remarquons, dans ce cas, que la surface de l'eau, au lieu d'être plane comme précédemment, s'infléchit vers le centre, vers l'axe vertical autour duquel se fait le mouvement de rotation; que la surface, en un mot, affecte une forme curviligne régulière, *paraboloïdale;* que la vitesse angulaire croît à la vérité de la circonférence au centre, mais *si peu* qu'il faut une grande attention pour vérifier le fait; enfin et surtout, que le mouvement de rotation diminue relativement très-vite, à partir du moment où l'on a abandonné l'eau à elle-même; cette diminution, cela va sans dire, est d'autant plus rapide que le réservoir est plus petit.

3°. Enfin, donnons, comme précédemment, un mouvement de rotation assez vif (avec un vase de $0^m,4$ de diamètre, une vitesse angulaire de 1 tour par seconde suffit), et quand il s'est un peu régularisé dans la masse, débouchons le vase. Les choses vont se passer tout autrement que dans les deux cas précédents. La surface du liquide ne conserve plus sa forme *paraboloïdale;* selon la rapidité du mouvement gyratoire initial, selon la grandeur relative de l'orifice, elle s'infléchit plus ou moins vite au centre, et prend la forme d'un entonnoir pointu. — Cette pointe s'abaisse de plus en plus vers l'orifice; elle finit par l'atteindre et traverse alors même l'axe de la veine inférieure; elle devient ainsi visible en-dehors et au-dessous du vase. — Une fois que la pointe de la *trombe*, à la formation de laquelle nous venons d'assister, a ainsi atteint l'orifice, l'écoulement est complètement *modifié* et est toujours *réduit* pour une même charge; la veine fluide libre en-dessous du vase tourne vivement autour de son axe, et, au lieu de conserver sa forme primitive et sa belle apparence, elle se trouble, s'épanouit en tous sens et finit par être projetée au loin, sous forme de gouttes. — Enfin le fait le plus frappant, c'est que le mouvement de rotation au lieu de diminuer, comme ci-dessus, va au contraire en s'accélérant, à mesure que le vase se vide; et la vitesse angulaire, fort loin d'être presque constante de la circonférence au centre, va en grandissant rapidement jusqu'à l'axe central, et aussi du haut en bas de l'axe. Par suite de cette accélération et par suite de l'accroissement qui en résulte du diamètre de la trombe, dans la veine fluide elle-même à l'orifice, l'écoulement diminue peu à peu notablement, pour une même charge donnée.

J'ai présenté l'expérience sous une forme scientifique qui permet d'étudier le phénomène exactement et dans tous ses détails; il n'est pas inutile de la rappeler sous sa forme ordinaire et à la portée de chacun. — J'ai dit que quand nous laissons se vider un entonnoir ou un flacon, l'apparition de la trombe arrive plus ou moins tôt et semble *ainsi accidentelle*. Nous sommes au contraire à même de la provoquer comme il nous plaît: il suffit en effet de faire tourner le liquide dans l'entonnoir avec une spatule, avant d'ouvrir l'orifice; ou, quand il s'agit d'un flacon, d'imprimer le mouvement de rotation indispensable, en faisant d'abord vivement tourner le vase lui-même autour d'un axe géométrique externe. Lorsqu'on se sert d'un grand flacon cylindrique d'une dizaine de litres, pourvu d'un goulot de deux ou trois centimètres de diamètre, l'expérience, faite avec un peu d'adresse, prend un caractère frappant, qui surprend les personnes les plus habituées aux manipulations, celles qui ont le plus observé ces nombreux phénomènes qu'on ne s'est jamais donné la peine de consigner dans les traités. Avec un pareil récipient en effet, au moment où la trombe provoquée par la rotation atteint l'orifice, l'équilibre des pressions s'établit subitement entre l'air interne et l'air externe; l'écoulement augmente d'abord d'un coup considérablement de vitesse; mais bientôt, par suite de l'accélération du mouvement de rotation, le diamètre de l'extrémité inférieure de la trombe s'accroît dans l'orifice même d'écoulement; l'espace annulaire par lequel se fait réellement l'écoulement diminue donc, et le vase se vide de moins en moins vite, à moins que par un mouvement convenable du flacon, on ne diminue légèrement le mouvement gyratoire du liquide restant.

La double condition indispensable pour la formation de l'espèce particulière de trombe que je viens de décrire est donc : un mouvement de rotation suffisamment vif autour d'un axe, accompagné de l'écoulement, suivant la direction de cet axe, par un orifice convenable. J'indiquerai plus loin les modifications, plus apparentes que réelles, que peut souffrir cet énoncé ; mais analysons d'abord bien à fond le phénomène en lui-même. Voyons les modifications profondes que le mouvement de rotation d'une masse liquide apporte aux lois d'écoulement admissibles pour une masse dont les molécules sont dans un état de repos relatif au moins approximatif. — Tout le monde sait que l'hypothèse du parallélisme des tranches, qu'on est encore aujourd'hui obligé d'admettre en hydrodynamique, à cause de l'effrayante complication des équations auxquelles on arrive lorsqu'on essaie de partir de suppositions plus en rapport avec la réalité physique, on sait, dis-je, que cette hypothèse n'est qu'approximativement l'énoncé des faits. Toutefois lorsqu'on observe ce qui se passe au sein d'une masse de liquide qui s'écoule d'un réservoir un peu considérable, tel que celui que j'ai pris pour exemple, on s'assure bientôt qu'à une certaine distance de l'orifice d'écoulement, les molécules n'éprouvent entre elles que des déplacements insignifiants, qu'elles marchent réellement par tranches parallèles à la surface du liquide, que ce n'est que très-près de l'orifice qu'elles affluent dans toutes les directions avec des vitesses notables, et qu'ainsi enfin l'hypothèse approximative admise est plus que suffisamment correcte dans certaines conditions. En partant de cette hypothèse, on arrive à un ensemble d'équations algébriques très-simples, connues de tous les physiciens, qui donnent par exemple la quantité d'eau s'écoulant d'un orifice d'espèce déterminée sous une charge déterminée, le temps qu'il faut à un réservoir de forme connue pour se vider lorsqu'il n'est pas alimenté d'une manière continue, etc., etc. Dans les nombreuses expériences préparatoires que j'ai dû faire pour arriver à un procédé correct de jaugeage de l'eau de condensation des machines à vapeur, je me suis assuré que les inexactitudes qui résultent de l'emploi de toutes ces équations sont toujours de beaucoup inférieures en valeur aux erreurs inévitables d'observation dans les expériences les mieux faites. L'hypothèse du parallélisme des tranches est donc, je le répète, très-approximativement réalisée, dans certaines conditions faciles à remplir. Il n'en est plus aucunément ainsi dans le cas où le liquide qui s'écoule est animé d'un mouvement de rotation, dirigé ou du moins *pouvant* se diriger dans le sens de l'axe d'écoulement. Lorsqu'on opère comme je l'ai indiqué en troisième lieu (page 205), on constate facilement que les molécules ne se tiennent plus du tout sur des tranches horizontales et parallèles entre elles, mais qu'elles marchent d'autant plus vite vers l'orifice qu'elles sont plus rapprochées de l'axe de rotation. La pointe de la trombe, avant d'atteindre l'orifice, se rompt parfois en bulles d'air détachées les unes des autres; on voit alors ces bulles rester suspendues dans l'eau et tourner vivement sur elles-mêmes, sollicitées à *monter* en vertu de leur légèreté spécifique et à *descendre* par suite du mouvement de l'eau suivant l'axe.

Tout l'ensemble des phénomènes précédents s'explique aisément et se *comprend*, si je puis dire, du *regard* : c'est évidemment la force centrifuge, naissant du mouvement de rotation autour de l'axe, et faisant partout équilibre à la pression hydrostatique du liquide, qui détermine la séparation des particules et qui produit ainsi la formation de l'entonnoir, de la trombe. Celle-ci n'est qu'un effet, une conséquence, et non une condition nécessaire, dans les détails du phénomène. En faisant flotter sur la surface de l'eau un disque en bois suffisamment grand, on empêche l'air externe de pénétrer au centre, on empêche la formation de l'entonnoir creux; mais rien n'est changé pour cela aux choses; les molécules n'en tournoient pas moins vivement autour de l'axe, et d'autant plus vivement qu'elles s'approchent plus de l'orifice. D'où vient cet accroissement de mouvement de rotation vers l'axe? Pour le comprendre, il suffit de se rappeler la différence qui existe entre la vitesse absolue d'un corps et ce qu'on nomme en mécanique sa *vitesse angulaire*, lorsqu'il tourne autour d'un centre; mais au lieu de définir, je spécifie par un exemple numérique que chacun saisira. Supposons que le réservoir, sur lequel nous faisons l'expérience, ait un mètre de circonférence, et qu'avant de déboucher l'orifice, nous ayons donné à la masse d'eau une impulsion telle qu'elle fasse juste un tour par seconde autour de l'axe ; il est clair que les parties liquides situées à la circonférence auront une vitesse d'*un* mètre par seconde ; mais, le nombre de tours par seconde étant partout le même, il est tout aussi clair que la *vitesse absolue* ira en diminuant de cette circonférence au centre ; au milieu du rayon, par exemple, elle ne sera plus que de *un demi*-mètre par seconde. Les choses se passent tout autrement dès que l'écoulement commence. Supposons en effet qu'il n'y ait aucun frottement, aucun choc interne, qui fasse perdre aux particules quoique ce soit de leur vitesse initiale ; les parties liquides de la circonférence, arrivant vers le centre avec leur vitesse d'un mètre, feront d'autant plus de tours à la seconde que la circonférence sur laquelle elles se trouvent à chaque instant sera plus petite ; lorsqu'au lieu d'*un mètre*, elle n'aura plus qu'un *décimètre* par exemple, il est clair que le nombre de tours s'élèvera de un à dix, par seconde, la *vitesse angulaire sera décuplée.* Mais on sait en mécanique que la force centrifuge, à égalité de vitesse, est en raison inverse des rayons des circonférences décrites. Ainsi, lorsque la distance des particules au centre aura passé de dix à un, la force centrifuge, tout comme la vitesse angulaire, s'*élèvera* de un à dix en intensité. L'accroissement du mouvement de rotation de la circonférence au centre, l'accroissement de la force centrifuge, et en définitive la formation de la trombe, s'expliquent ainsi très-clairement. Il reste à expliquer un autre phénomène accessoire qui a, au premier abord, une apparence paradoxale : je veux parler de la *persistance* de l'ensemble du mouvement gyratoire de la masse d'eau pendant que se fait l'écoulement, alors que, quand celui-ci est suspendu, le mouvement gyratoire s'anéantit au contraire très-vite. J'ai dit : les choses se passeraient ainsi *s'il* n'y avait aucun frottement interne.... ; mais ce *si* est à effacer. Les particules qui, pour s'écouler, cheminent de la circonférence au centre, rencontrent des particules qui avaient primitivement une vitesse moindre et avec lesquelles elles partagent une portion de leur vitesse, par suite des frottements réciproques. Il y a ainsi diminution de vitesse absolue pour certaines parties, et augmentation pour d'autres. Les frottements produisent donc à la fois un accroissement de la vitesse moyenne de toute la masse d'eau encore présente dans le réservoir, mais par contre-coup une diminution de la *force vive* totale de la masse entière du liquide, c'est-à-dire de celui qui reste dans le réservoir et de celui qui s'est déjà écoulé. Il n'y a, comme on voit, aucun paradoxe de mécanique réel, ni même aucune difficulté dans l'interprétation de l'espèce, incontestablement singulière, de phénomènes que nous avons sous les yeux.

Voyons maintenant les modifications, plus apparentes que réelles, que peuvent, ai-je dit, subir les conditions fondamentales de la formation de l'espèce de trombes particulières que nous venons d'étudier dans leur cause. — Il n'est tout d'abord pas nécessaire que l'orifice par lequel s'écoule le liquide, se trouve au centre et à la paroi horizontale du réservoir. Le phénomène se manifeste tout aussi bien quand l'orifice est adapté à la paroi latérale et verticale ; pourvu que d'autres circonstances le favorisent. Je ne m'arrête pas sur ce détail, peu important. Le fait suivant est beaucoup plus essentiel à noter : il n'est aucunément nécessaire que *toute la masse* de liquide tourne autour d'un axe déterminé, aboutissant à l'orifice d'écoulement ; la trombe se produit, pourvu que *certaines parties* de la masse, suffisamment rapprochées de l'orifice, éprouvent le mouvement gyratoire. Je dois ici préciser, pour bien me faire comprendre. Dans les expériences de jaugeage d'eau de condensation, dont j'ai parlé plus haut, j'ai eu recours, entre autres, à un grand bassin rectangulaire en maçonnerie, d'environ $1^m,5$ de largeur, sur $2^m,5$ de longueur, et $1^m,2$ de profondeur (fig. 2). L'eau du condenseur de la machine à vapeur étudiée, affluait par un tuyau *B*, à $0^m,8$ du fond de la citerne ; elle s'échappait, en *C* et au bas de la citerne, par un orifice à mince paroi, adapté à la paroi verticale. Dans cet état de choses, l'eau qui affluait par *B* ne perdait que peu à peu son impulsion, et se dirigeait de *B* vers la paroi *P* sous forme de courant *sous-marin*, dans la masse d'ailleurs en repos ; ce courant déterminait très-souvent un mouvement giratoire dans les parties latérales en repos relatif, et l'on voyait alors tout d'un coup se produire une trombe ; sa pointe, très-effilée, aboutissait à l'orifice d'écoulement ; sa partie évasée s'ouvrait à la surface du liquide, et s'y *promenait lentement* sur une étendue parfois assez grande. On avait sous les yeux un tube creux, parfois de 1m de longueur, ondulé, comme un serpent dont les parties tournaient vivement autour de cet axe sinueux. Ce genre de trombes, on le conçoit, entravait complétement mes expériences, en leur enlevant toute exactitude ; et si intéressantes qu'elles fussent à observer, si belles qu'elles fussent en elles-mêmes, je dus me hâter de porter obstacle à leur formation en suspendant leur cause, en recevant l'eau de *B* dans une auge en bois ouverte par le bas.

Caractérisons bien la différence considérable qui existe entre les tourbillons qui se produisent fréquemment dans les cours d'eau et au sujet desquels l'Académie des sciences a reçu plusieurs très-intéressantes communications, et les tourbillons que je viens décrire. — Dans les tourbillons de la première espèce, que j'ai eu moi-même l'occasion d'observer souvent, soit sur le cours du Rhin, soit sur celui de nos torrents ou de nos grandes rivières de la plaine du Haut-Rhin, et que d'ailleurs on peut voir à chaque instant en diminutif dans les plus petits canaux où l'eau se meut avec une certaine vitesse ; dans cette espèce de tourbillons, dis-je, le mouvement gyratoire est dû à l'action réciproque de deux veines d'eau, se mouvant, *accidentellement*, en sens contraire ou du moins avec deux vitesses très-différentes quoique dans le même sens. Il se produit aussi par le frottement du courant principal contre les sinuosités, *immobiles*, des rives. Il n'y a dans cette espèce aucune raison pour que la vitesse angulaire aille en croissant de la circonférence vers l'axe ; si cela a lieu, c'est accidentellement et par suite des mouvements confus, tumultueux, irréguliers, qui se produisent toujours au sein des masses de liquides se mouvant dans des lits tortueux et remplis d'obstacles, soit dans le fond, soit le long des bords. Ces tourbillons se déplacent parfois à la surface du liquide et s'éloignent rapidement du point où ils ont pris naissance ; mais ceci n'a pas lieu, comme on pourrait croire, par suite d'une impulsion dont les suites *durent*, comme le mouvement d'un volant, par exemple; cet effet se manifeste, parceque sa cause, la différence des vitesses de deux courants, existe elle-même sur tout le parcours du tourbillon. Et de même de pareils tourbillons ne peuvent se propager de haut en bas qu'à la condition que la cause qui les engendre existe aussi de haut en bas. Dans le réservoir dont je viens de parler, jamais il ne se montrait de tourbillons allant de la surface au fond, quand l'écoulement était suspendu; il était d'ailleurs facile de voir que quand le phénomène se manifestait, il existait une connexion immédiate entre la direction du tourbillon et celle de la veine d'eau à l'orifice. — Les bateliers, les anciens navigateurs, et le public en général, attribuent à ces tourbillons une puissance d'attraction sur les objets qui se trouvent à la surface de l'eau et dans leur cercle d'action. — Sans parler des deux célèbres gouffres mythologiques de Charybde et Scylla, qui n'a lu les effrayants récits que faisaient les anciens marins des dangers que l'on courait aux approches du terrible Mælstrom? Qui n'a entendu parler des accidents, malheureusement beaucoup plus réels, causés par les tourbillons des fleuves et des rivières, à des chaloupes, à des barques, ou à d'imprudents baigneurs? en faisant même la plus large part aux exagérations qui accompagnent toujours ces sortes de récits, il reste un fond vrai, quant aux faits en eux-mêmes; mais en ce qui concerne l'interprétation, et comme question de science, il y a ici un faux point de départ qu'il n'est pas inutile de bien mettre en lumière. Un de ces tourbillons, lorsqu'il a pris une certaine régularité dans sa forme, constitue une sorte de *coupe* à parois inclinées. Le sort qu'y éprouve un corps étranger flottant à la surface de l'eau, dépend uniquement de la vitesse propre de ce corps. Si cette vitesse est nulle ou inférieure à celle de l'eau, le corps *glisse le long du plan incliné* et s'approche du centre; si la vitesse est celle de l'eau en grandeur et en direction, le corps tourne simplement autour du centre, sans s'en rapprocher; enfin si la vitesse est supérieure à celle de l'eau, le corps s'éloigne du centre en remontant les parois de la coupe. Les conditions de ces divers cas seraient faciles à exprimer mathématiquement. Le sort d'un batelier ou d'un nageur saisi par un tourbillon comme ceux que nous discutons, dépend exclusivement de la présence d'esprit et de l'intelligence de l'individu. Si celui-ci a le malheur de ramer ou de nager contre le courant, il descend infailliblement vers le centre de l'entonnoir et il peut être englouti; si au contraire il a le bon sens de ramer ou de nager dans le sens même du mouvement de l'eau, de manière à accroître sa vitesse propre, l'accroissement de la force centrifuge qui en résulte le fait promptement remonter les parois de l'entonnoir et échapper au péril. Le légendaire Mælstrom, eût-il une existence réelle, ne serait redoutable qu'aux voiliers; un vapeur, commandé par un capitaine intelligent, ne risquerait absolument rien du prétendu pouvoir attractif du tourbillon; une augmentation suffisante de vitesse, dans le sens même du mouvement gyratoire, sauverait promptement le navire, en le repoussant dans la mer calme.

Les tourbillons de la seconde espèce ne sont, pas plus que ceux de la première, doués d'une puissance attractive; ils constituent comme eux des *coupes* à parois inclinées, et c'est en vertu de cette inclinaison que les corps légers que l'on jette à leur surface descendent rapidement dans l'entonnoir artificiel produit par la force centrifuge; mais ici s'arrête la ressemblance. Contrairement à ce qui a lieu dans les premiers, la vitesse ici va *nécessairement* en croissant de la circonférence au centre; l'inclinaison des parois y est bien plus rapide, et finit par s'y confondre avec la verticale. Si de pareils tourbillons pouvaient se produire dans nos mers, dans l'Océan, aucune puissance humaine ne pourrait sauver le navire qui se trouverait saisi par eux, et qui, c'est le cas de le dire sans métaphore, glisserait sur une pente fatale pour arriver au centre de l'entonnoir où il tomberait à pic jusqu'au fond. Mais il existe entre ces deux espèces de tourbillons une différence bien plus frappante, et tout-à-fait essentielle, que je dois faire ressortir, pour faire comprendre les considérations que j'ai à présenter à la fin de ce travail. — Les tourbillons de la première sorte ne peuvent continuer d'exister que là où existe aussi leur cause : l'action réciproque de deux courants, sinon contraires en direction, du moins animés de vitesses différentes. Si un tel tourbillon prend par une raison ou une autre naissance à la surface d'une grande et profonde masse d'eau, il ne peut se déplacer, ou se propager du haut en bas qu'à la condition que les courants qui l'ont engendré existent eux-mêmes sur toute cette étendue. Pour fixer les idées et bien faire saisir ce que je dis, je passe du grand au petit, d'un phénomène que nous ne pouvons qu'observer à un autre que nous pouvons provoquer comme il nous plaît. Si sur une petite étendue de la surface d'une masse d'eau contenue dans un grand réservoir, nous provoquons d'une façon ou d'une autre un mouvement de rotation autour d'un centre, si par exemple nous y faisons tourner vivement une roue à ailettes, montée sur un axe vertical, nous verrons que le mouvement gyratoire se communique peu à peu par frottement à toutes les parties du liquide, mais en se *dispersant* en quelque sorte, en s'amoindrissant du haut en bas et du centre à la circonférence. Un tourbillon artificiel ainsi produit a sa pointe à la partie du liquide d'où part le mouvement et sa partie évasée se trouve au contraire au bas et vers le fond du réservoir. — Il en est tout autrement des tourbillons de la seconde espèce. Dans ceux-ci, comme nous avons vu, le mouvement gyratoire *se concentre* en quelque sorte vers le point de sortie, où il s'y ajoute un autre mouvement dirigé suivant l'axe de rotation. Ce fait est caractéristique et suffit pour distinguer les deux espèces de tourbillons.

§ II.

En arrivant à la fin des pages précédentes, le lecteur se dira sans doute que je me suis arrêté bien longtemps à analyser un simple phénomène d'hydrodynamique, qui, si intéressant qu'il soit en lui-même, n'en est pas moins confiné dans les bornes étroites de nos expériences de physique et de cabinet. D'après les conditions mêmes que nous avons assignées à leur formation, les tourbillons que je viens d'examiner si minutieusement, ne pourraient que tout-à-fait accidentellement, et dans des circonstances exceptionnelles, se manifester dans les fleuves, dans les lacs, dans les mers. Pour qu'ils se produisent, il faut en effet qu'au mouvement de rotation autour d'un axe il s'en ajoute un autre, *de translation*, dirigé suivant cet axe, et par suite, perpendiculaire au plan du mouvement gyratoire ; or ce n'est en quelque sorte que par hasard que cette double condition pourrait se réaliser dans les grandes masses d'eau qui se trouvent sur la terre. Cette exclusion s'étend-elle aussi à ce qui se passe au sein de cet autre Océan immense qui recouvre la surface entière de notre planète, à ce qui se passe dans l'atmosphère ? Ici il s'agit d'un gaz, d'un corps élastique, excessivement mobile, plus ou moins diaphane, capable de s'échauffer et de se dilater sous l'action des rayons solaires ; les conditions des mouvements internes, leurs formes, leurs lois, sont tout autres que celles de l'Océan liquide ; ce qui est impossible dans celui-ci peut fort bien se manifester dans l'Océan aérien. Mais ne nous occupons pas de ce qui peut être ; arrêtons-nous à ce qui *probablement* se réalise en effet.

Lorsque pour la première fois on observe attentivement dans sa formation et dans tous ses détails un des singuliers tourbillons dont j'ai fixé les conditions, on se rappelle involontairement les dessins *des trombes de terre ou de mer* que l'on donne dans tous les traités de météorologie ou de physique générale. J'ai vu peu de personnes qui, en pareils cas, n'aient même immédiatement donné le nom de *trombe* au tourbillon qu'elles avaient sous les yeux. — Y a-t-il ici quelque chose de plus qu'une simple ressemblance de forme ? Au premier abord il peut sembler presque puéril de songer à l'un des plus formidables phénomènes qui se passent dans notre atmosphère, à propos d'une expérience d'hydrodynamique, faite sur la plus petite échelle, à l'aide d'un réservoir, d'un entonnoir, d'un flacon qui se vident. Voyons cependant si cette étude, que nous venons de faire en quelque sorte dans l'infiniment petit, ne nous aidera pas à compléter d'une façon très-plausible ce qui incontestablement manque encore à l'interprétation, des plus satisfaisantes d'ailleurs, proposée dans ces derniers temps, quant au phénomène des trombes.

Toutes les personnes, qui de près ou de loin s'intéressent à l'étude des grands phénomènes de la nature, ont lu des descriptions de trombes, en ont vu des dessins ou des peintures plus ou moins fidèles. Je n'ai donc sous ce rapport que très-peu de chose à dire, avant d'aborder la question. — On sait qu'une trombe, de terre ou de mer, affecte en général l'apparence d'un cône de vapeur plus ou moins opaque, dont la partie supérieure et évasée fait corps avec un *nuage orageux*, dont la partie inférieure s'étire, s'allonge de plus en plus, se contourne souvent comme un immense serpent, et finit par atteindre la surface terrestre (terre ou mer). Lorsque cette jonction a eu lieu, le phénomène a pris son entier développement. — Sur terre, où nous pouvons les étudier après coup, les effets de la trombe dépassent tout ce qu'il est possible de se figurer, en violence, en bizarrerie, en *originalité*. Lorsque la trombe passe sur une forêt, par exemple, elle y trace une longue route, de peu de largeur, où les arbres sont ou complètement arrachés et renversés, ou *coupés régulièrement* à une certaine hauteur; passe-t-elle sur un étang, elle le sèche parfois complètement d'un coup; atteint-elle un de nos bâtiments les plus solides, elle le renverse, ou le coupe suivant une section verticale ou horizontale, en laissant une partie debout et parfaitement intacte..... Je ne cite que ces quelques faits, pris au hasard. — Sur mer, les effets d'une trombe sont naturellement moins variés; on voit ici, à l'approche de la pointe du cône descendant, se former à la surface de la mer un autre cône, renversé, dont la pointe se dirige vers celle du premier; à la base l'eau est agitée violemment, creusée en une sorte de coupe, et lancée en tous sens sous forme d'écume. Une barque, une chaloupe de grande taille, qui se trouve sur le passage de la trombe, est inévitablement submergée. — Soit dit en passant et digressivement, on sait que les marins prétendent qu'en tirant un coup de canon à boulet sur une trombe, ils la coupent en deux et y mettent fin immédiatement. Une semblable assertion n'est autre chose qu'une des nombreuses manifestations de l'orgueil humain. Il n'est certainement pas plus possible à un artilleur de dissiper une trombe à coups de canon qu'il ne l'est, par exemple, à un sorcier nègre d'attirer ou d'éloigner la pluie à coups de sifflet.

Qu'est-ce qui détermine la formation d'une trombe et quelle est la nature de cet imposant et formidable phénomène, heureusement rare dans nos contrées tempérées, mais des plus fréquents vers les régions tropicales? — Les interprétations ne manquent point, bien au contraire, et l'on n'a ici que l'embarras du choix. En mettant de côté celles qui apparaissent comme absurdes au premier examen, ou qui ne sont que des descriptions du phénomène en d'autres termes, nous trouvons trois théories principales qui ont été présentées dans ces derniers temps, et qui méritent attention.

La première en date est celle de Ath. Peltier. D'après ce physicien, un trombe est, dans tout son ensemble, le résultat d'une décharge électrique, lente et prolongée, s'opérant des nuages à la terre, par un conducteur imparfait : air saturé de vapeur et chargé d'eau en poussière, ou à l'état vésiculaire.

La deuxième a été posée par M. Th. Reye. Dans de certaines conditions exceptionnelles de calme, l'air, échauffé fortement par les rayons solaires et ayant par suite une pesanteur spécifique beaucoup plus faible que celle des couches supérieures, resterait pourtant à la surface du sol ou de la mer, sous forme d'une couche très-étendue, à un état d'*équilibre instable*. Une agitation même très-faible viendrait-elle à se produire accidentellement à la surface de cette nappe de moindre densité, l'équilibre serait rompu, l'air se précipiterait de toutes parts vers le point de rupture, et s'y élèverait avec impétuosité, sous forme d'une colonne verticale tournant vivement sur elle-même.

[1] *Observations, etc., sur les causes qui concourent à la formation des trombes*. (1 vol. in-8°, H. COUSIN, libraire, 1840).

[2] *Die Wirbelstürme, etc.* (1872, un vol. in-8°, C. RUMPLER, libraire, Hanovre).

En troisième lieu enfin, M. Faye range les trombes dans une classe de phénomènes, très-générale, aujourd'hui soumise à une étude attentive par un grand nombre d'observateurs, étude féconde déjà en très-beaux résultats acquis définitivement à la science.— Si terribles qu'elles soient en elles-mêmes, les trombes ne seraient qu'un diminutif de l'immense phénomène connu sous le nom de *cyclones*; comme ceux-ci, elles seraient dues à des tourbillons, à des mouvements gyratoires, d'une grande intensité, ayant leur origine dans les hautes régions de l'atmosphère, et se propageant de haut en bas, dans de certaines conditions.

Ces trois interprétations, comme on voit, diffèrent entre elles en ce que la première rapporte tous les effets des trombes à l'électricité, tandis que les deux autres les attribuent à la seule action mécanique de l'air en mouvement, l'une cherchant la cause de ce mouvement à la surface de la terre, l'autre la trouvant au contraire aux limites supérieures de l'atmosphère.

Examinons d'abord la dernière en date, celle de M. Reye. — Concevons une cloison d'une très-grande étendue, placée à quelques mètres de hauteur, parallèlement au sol, et au milieu de cette cloison supposons adapté un tuyau vertical de quelques mètres de diamètre. Admettons de plus que cette cloison, *sans poids*, puisse se mouvoir de haut en bas parallèlement à elle-même. Si le tuyau et toute la partie libre entre la cloison et le sol sont remplis d'un gaz plus léger que l'air externe, sont remplis par exemple d'air atmosphérique fortement échauffé et dilaté par les rayons solaires, il est évident qu'il s'établira dans la *cheminée* centrale un courant d'air ascendant; car l'air externe, plus lourd que celui de la cheminée, pressera plus sur la face supérieure de la cloison que l'air interne, poussé par celui de la cheminée ne presse sur la face inférieure. A mesure que l'écoulement se fera par la cheminée, la cloison, par hypothèse mobile, s'abaissera, et tout l'air prisonnier en-dessous finira par être expulsé. La rapidité du courant ascendant dépendra visiblement de la hauteur de la cheminée et de la différence des densités de l'air interne et de l'air externe. Mais le gaz, en affluant vers l'ouverture du tuyau, aura toutes les directions possibles, et il s'établira, non-seulement un courant vertical, mais encore un mouvement gyratoire autour de l'axe. — Et maintenant les choses peuvent-elles jamais se passer ainsi dans la nature? et si cela était en effet, est-ce le phénomène de la trombe qui serait ainsi reproduit? On peut à la rigueur admettre que dans des circonstances exceptionnelles, il se forme une de ces couches de moindre densité que M. Reye donne pour cause aux trombes, bien qu'il faille pour cela supposer l'existence prolongée d'un calme tout-à-fait absolu et sans exemple. On peut donc à la rigueur supprimer notre paroi horizontale. Mais pourrons-nous aussi supprimer notre cheminée à parois hermétiques? Il est bien évident que non. Pourquoi la fumée, l'air chaud, les gaz spécifiquement plus légers que l'air ambiant, s'élèvent-ils dans nos cheminées ordinaires, et y produisent-ils un courant énergique? C'est précisément parce que les parois solides *séparent* les deux espèces de gaz, l'un lourd, l'autre plus léger, en deux *colonnes distinctes*, de telle sorte que c'est la différence des poids *totaux* des deux colonnes qui détermine le tirage. Si nous supprimons les parois de notre colonne verticale, tout tirage sera supprimé, parce que l'air externe se mêlera partout immédiatement à l'air spécifiquement plus léger de la couche inférieure, là où par hypothèse il s'est fait une rupture d'équilibre. — Au point de vue des principes corrects de l'Hydrodynamique, il est donc de toute impossibilité que des courants d'air aussi énergiques que ceux qui deviennent nécessaires pour expliquer les effets des trombes puissent être produits par la cause que nous venons d'examiner. Mais supposons même qu'un courant ascendant d'une énergie considérable se produise effectivement, par une raison ou une autre. Aurons-nous pour cela une trombe à observer? Il y a ici une réponse péremptoire qui saute aux yeux. Une trombe vient toujours d'*en haut* et d'un nuage orageux; ses dégâts sur terre ne commencent que quand la pointe du cône atteint le sol ou la mer; ils cessent dès que cette pointe quitte la surface terrestre. Dans l'hypothèse de M. Reye, la trombe devrait toujours commencer ses ravages par en bas; le nuage orageux, le cône supérieur qui se confond avec lui, etc., ne seraient que des conséquences de ce qui se passe à terre. Or tout cela est absolument contraire à la réalité des faits observés.

La théorie de M. Reye échoue visiblement dans son objet principal; elle est incapable de rendre compte d'une façon plausible du formidable phénomène des trombes. A première vue, on pourrait être tenté de l'appliquer à l'explication d'un phénomène fort *inoffensif*, que tous mes lecteurs ont eu occasion d'observer. — Dans notre plaine du Haut-Rhin (et probablement dans toutes les plaines proprement dites d'un peu d'étendue), on voit fort souvent, pendant le calme relatif qui précède un orage, se former subitement des colonnes de poussière qui s'élèvent, en tournant vivement sur elles-mêmes, à des hauteurs considérables (quelques centaines de mètres); puis tout d'un coup le mouvement gyratoire cesse et la poussière soulevée se disperse lentement dans tous les sens. Ces colonnes tourbillonnantes portent dans le dialecte du pays le nom poétique, et ici fort expressif, de *fiancées du vent*. La théorie de M. Reye *semble* rendre compte d'une manière assez satisfaisante de ce genre de trombes en diminutif. Il y a ici incontestablement un mouvement ascensionnel de l'air, sur une étendue très-limitée; on pourrait donc être porté à dire que ces *fiancées du vent* doivent réellement leur origine à une rupture d'équilibre, ayant lieu à la surface d'une couche d'air de moindre densité, étalée accidentellement à la surface du sol. Une objection très-grave pourtant se présente encore en ce cas. Dans la théorie de M. Reye, c'est le courant ascendant qui est le fait principal et la cause déterminante du mouvement gyratoire de la colonne. Il est par suite impossible que la vitesse en direction horizontale devienne supérieure à celle en direction verticale; or tel est pourtant précisément le fait le plus frappant dans ces tourbillons de poussière, c'est que, tandis que le mouvement ascensionnel y est relativement assez lent, celui de rotation a au contraire une vivacité extraordinaire. — A l'approche d'un orage, la tension électrique doit varier continuellement d'un point à un autre de la masse atmosphérique; les attractions et les répulsions qui résultent de ces inégalités et de ces variations de charge électrique doivent nécessairement rompre l'équilibre interne de l'air, et provoquer des courants dans toutes les directions. Toutes les personnes qui ont donné quelque attention au prétendu calme précurseur d'un orage, se rappellent sans doute que, fort loin d'être en repos, l'air est au contraire agité continuellement, mais en toutes directions, et parfois d'une manière très-intense, bien que le vent proprement dit soit effectivement presque nul. C'est, je pense, à ces troubles, à ces changements continus de direction des parties de l'atmosphère, qu'il faut réellement attribuer les tourbillons précurseurs de l'orage.

Peltier, je l'ai dit, attribue les trombes, dans leur cause, et dans tout l'ensemble de leurs effets, à l'intervention de l'électricité. Avant de faire ressortir ce qu'il y a certainement d'exagéré dans cette explication, voyons ce qu'elle renferme tout aussi certainement de vrai. Ce physicien démontre jusqu'à l'évidence, par la discussion attentive des faits, que l'électricité est toujours en jeu dans le phénomène, et qu'une théorie qui ne tiendrait pas compte de l'intervention de cette force, qui ne l'expliquerait pas, serait nécessairement fausse. Non-seulement certaines trombes émettent une lueur rougeâtre et phosphorescente, qui est l'indice d'un courant lent d'électricité par un conducteur imparfait, non-seulement la nuée de l'orage le plus violent *cesse d'éclairer et de tonner*, lorsque la trombe qui en descend atteint le sol; mais, dans les effets désastreux du phénomène, on en trouve qui ne peuvent s'expliquer que par un courant énergique d'électricité. Voilà, je crois, le côté vrai et inattaquable de l'interprétation. Mais la lecture du livre, d'ailleurs d'un bout à l'autre remarquable et intéressant, de Peltier laisse dans l'esprit le plus calme et le moins enclin à la critique deux autres impressions moins favorables.

D'une part, involontairement on se rappelle quelque peu la fable de La Fontaine : *Le Satyre et le Passant*. L'explication de tel effet d'une trombe exige-t-elle l'intervention de la chaleur, c'est l'électricité qui développe celle-ci ; l'explication de tel autre effet exige-t-elle du froid, c'est encore l'électricité qui le *souffle*. Je m'exprime ainsi sans la moindre arrière-pensée de plaisanterie, ici fort déplacée ; en revenant tout-à-l'heure sur quelques effets faussement attribués aux trombes, je montrerai comment Peltier a essayé d'expliquer ces effets, pris à tort par lui pour vrais, et comment il s'est trouvé, en quelque sorte de force, entraîné dans des contradictions, relativement au rôle qu'il prête à l'électricité. Il essaie, à la vérité, lui-même de résoudre cette apparence de contradiction ; il cite des expériences ingénieuses qu'il a faites pour démontrer que l'électricité, accumulée à l'état statique à la surface de l'eau, accélère notablement l'évaporation du liquide, et que par suite, si celui-ci ne reçoit point de chaleur externe, il se refroidit nécessairement par cette évaporation *forcée ;* mais si exactes que soient ces expériences, si correctes que soient en principe les conclusions déduites, elles ne convaincront aucun physicien de la réalité des effets prodigieux de refroidissement que Peltier attribue dans certains cas à l'électricité statique.

Mais l'impression générale qui reste surtout, c'est que Peltier a exagéré considérablement les effets qu'il est raisonnablement permis d'attribuer à l'électricité accumulée dans les nuées d'où s'abaisse une trombe. Quelqu'extraordinaires en intensité que soient parfois les effets d'un coup de foudre, quelqu'immenses qu'on suppose les quantités d'électricité en jeu pendant un orage, c'est par des millions qu'il faudrait multiplier, et ces effets, et ces quantités, pour arriver à quelque chose qui approche des dégats causés par certaines trombes. Remarquons d'ailleurs, d'une part, que par ce fait même que la trombe constituerait un conducteur, si imparfait qu'on veuille, entre le sol et la nuée orageuse, celle-ci devrait être rapidement épuisée par une jonction d'une aussi grande section ; et d'autre part que, toujours par ce fait d'une conductibilité imparfaite de la jonction, par ce fait d'un écoulement *très-lent* de l'électricité, les effets produits ici par cette force seraient nécessairement beaucoup moindres que ceux d'une décharge fulgurante.

En ce qui concerne les trombes en particulier, le travail de M. Faye se divise en deux parties distinctes. L'une critique, consacrée à l'examen de ce qui dans les descriptions de trombes données par des témoins oculaires peut être accepté comme correct, ou doit être définitivement rejeté; l'autre synthétique consacrée à l'interprétation proprement dite du phénomène. Personne, j'en suis sûr, ne m'accusera de céder à un sentiment partial d'amitié, lorsque je dirai que la partie critique peut être considérée comme un modèle classique dans le genre. Outre le talent dans la discussion logique et méthodique des faits, outre une minutieuse attention dans leur examen, il a fallu à M. Faye un *courage* réel pour s'attaquer à des assertions avancées par nombre de prétendus observateurs, et acceptées sans contrôle par tous les savants; il lui a fallu une argumentation des plus serrées pour montrer que plus d'une de ces assertions doit désormais être reléguée au nombre des fables. — Parmi ces dernières, je n'en citerai qu'une, mais elle est caractéristique. Qui n'a lu maintes et maintes fois que, quand une trombe s'abaisse sur la mer, elle *pompe* l'eau salée en quantités immenses, et que cette eau, lorsqu'elle retombe ensuite sous forme de pluie torrentielle, est complètement *désalée?* — Peltier, admettant ce fait comme prouvé, a fait les plus grands efforts pour l'expliquer; et c'est ici surtout qu'il fait jouer à l'électricité un rôle réellement impossible. L'électricité, en effet, ne pourrait évaporer et désaler l'eau aspirée que de deux manières: en augmentant la tension de la vapeur, sans fournir de chaleur; ou en fournissant la chaleur, comme le font, par exemple, nos piles dans l'électrolyse. Dans le premier cas, une partie de l'eau serait évaporée, l'autre serait congelée complètement par le froid produit; *il tomberait des glaçons des nuées*, et non pas simplement de l'eau désalée. Dans le second cas, il est aisé de comprendre qu'il faudrait, pour produire la chaleur nécessaire, des quantités d'électricité tellement colossales, qu'ici encore c'est par millions qu'il faudrait multiplier la quantité en jeu dans les orages les plus intenses. Mais les tentatives d'interprétation de cet effet d'évaporation, prêté aux trombes, tentatives dans lesquelles a échoué Peltier et dans lesquelles échoueraient toutes les théories possibles, ces tentatives, dis-je, sont absolument *inutiles*. M. Faye démontre victorieusement que cet effet extraordinaire n'a *jamais été vu par personne*, que jamais aucun observateur n'a vu l'eau de la mer s'élever dans une trombe autrement qu'en imagination, autrement que par suite d'une idée préconçue.

La partie synthétique du travail de M. Faye est à la hauteur de la partie critique. L'interprétation qu'il donne des trombes, tout en exigeant comme nous verrons bientôt, une addition importante, peut pourtant être considérée comme l'expression la plus probablement correcte de la réalité des choses.

En définitive, tout en reconnaissant que l'électricité est toujours en jeu dans le phénomène des trombes, on est pourtant amené à dire, en partant de la nombreuse collection de faits cités par Peltier lui-même, qu'à moins de prêter à cette force des propriétés que personne n'a constatées jusqu'ici, il est impossible d'expliquer par elle seule les effets généraux des trombes. Ces effets, en réalité, sont surtout *mécaniques*; bien que, comme nous le disons, on y trouve fort souvent, toujours si l'on veut, les indices de l'intervention de l'électricité, ils portent surtout témoignage d'efforts d'une puissance extraordinaire, exercés horizontalement, mais alternativement en tous sens, sur les objets terrestres bouleversés par la trombe. Ils sont ceux d'un ouragan, faisant en peu de secondes tout le tour du cadran en direction, mais doué d'une intensité en comparaison de laquelle celle des plus violents ouragans des tropiques ne serait plus qu'un infiniment petit. Ces effets, en un mot, sont surtout ceux que produirait un mouvement gyratoire de l'air lui-même, s'opérant autour d'un axe mobile, ceux d'un tourbillon s'avançant parallèlement à lui-même, et dont les parties externes seraient animées d'une vitesse circonférentielle *prodigieuse* autour de l'axe mobile de rotation.

Deux questions cependant se présentent d'elles-mêmes à l'esprit, en face de cette interprétation. Nous allons d'abord poser l'une et y répondre avec M. Faye.

En parlant de la vitesse de rotation, je me suis servi de l'épithète *prodigieuse;* j'ai dit qu'en comparaison de cette vitesse, celle de l'air, pendant un ouragan des tropiques, n'est qu'un infiniment petit. Il n'y a rien d'exagéré dans ces expressions. En relatant les dégâts produits par l'ouragan célèbre qui, le 25 juillet 1825, a ravagé la Guadeloupe, les traités de météorologie citent, entre autres effets remarquables, le déplacement de trois pièces de 24, épaulées sur un rempart. Comme comparaison, je ne citerai qu'un seul fait : la trombe, qui a passé sur Montville en 1845, y a coupé en deux du haut en bas une filature de coton. Parmi les décombres, *on a trouvé un arbre de transmission en fer forgé de* 0m,15 *de diamètre qui avait été arraché de ses supports et tordu en tire-bouchon.*

Quelle peut être l'origine de vitesses de l'air capables de pareils effets ?

J'ai dit que selon M. Faye les trombes ne sont qu'un diminutif, non en intensité, mais en dimensions, d'un autre phénomène atmosphérique, qui se manifeste sur une échelle immense ; je veux parler des effroyables tempêtes des régions tropicales, connues sous le nom de *cyclones*. — Les travaux remarquables que M. Faye a publiés sur tout un ensemble de questions de météorologie, dans lesquelles l'interprétation des trombes rentre pour ainsi dire comme dans un cas particulier, ont paru, *successivement*, dans des comptes-rendus de l'Académie des sciences, et puis, *groupés méthodiquement*, dans un livre qui est entre les mains de tout le monde : dans l'*Annuaire du bureau des longitudes*. Je puis donc me borner à les résumer sous la forme la plus concise possible, pour arriver plus vite à l'objet principal qui nous occupe, à l'interprétation des trombes, tout en me réservant de m'arrêter digressivement sur quelques points qui méritent discussion.

Les ouragans, les tempêtes, les orages avec ou sans grêle, l'électricité atmosphérique......, en un mot, toute une vaste collection de phénomènes dont les météorologistes ont pendant longtemps cherché la cause à la surface même de la terre, M. Faye en trouve, avec toute apparence de vérité, l'origine dans les plus hautes régions de l'atmosphère.

En ce qui concerne tout d'abord la vitesse des courants d'air, l'intensité des vents, une observation un peu attentive, mais d'ailleurs très-facile, nous montre que c'est dans les parties élevées de l'atmosphère qu'elles sont le plus considérables. Dans nos régions tempérées, la vitesse de l'air à la surface du sol, pendant les plus forts coups de vent, dépasse rarement 20 à 25 mètres par seconde. Si l'on se trouve à proximité d'une ligne de chemin de fer dirigée du Sud au Nord, c'est le cas de celui de Bâle à Strasbourg, par exemple, et si l'on observe un train express venant du Sud, on constatera que pendant les plus violents vents de S. S. O., la fumée de la machine ne devance que bien rarement le train. Je dis rarement; si je partais de mes observations personnelles, je dirais que je ne l'ai jamais vue devancer le train. Or si, dans ces conditions, on suit la course d'un nuage, on voit qu'il parcourt parfois en moins de dix minutes toute l'étendue visible de l'horizon, c'est-à-dire, dans certains cas, plus de cinquante kilomètres, soit près de 80 mètres par seconde. Vitesse bien supérieure à celle du train express (quatre fois), mais les nuées qu'amène le vent ne sont relativement qu'à une petite hauteur et sont par suite loin d'avoir la vitesse des couches supérieures. En vertu d'un principe de mécanique que chacun comprend, si une veine fluide se meut, par une raison ou une autre, dans une masse du même fluide en repos, le mouvement qu'elle possède ne peut que se *réduire*, en se communiquant de proche en proche aux parties en repos; il ne saurait jamais *s'accroître*. Un vent faible à la surface de la terre ou de la mer ne saurait donc en engendrer un plus fort dans les régions plus élevées de l'atmosphère; c'est le contraire qui est seul possible. Lorsque M. Faye cherche le point de départ des tempêtes dans les hautes parties de l'atmosphère, c'est donc d'un fait d'observation qu'il part, et non point d'une idée théorique préconçue.

Une étude attentive, faite depuis les trente dernières années, quant aux terribles tempêtes connues dans les divers pays sous les noms de *Typhons*, *Tornados*, etc., a fait connaître la loi rigoureuse suivant laquelle ils procèdent. Aucun de ces vents n'est à proprement parler *rectiligne*; tous décrivent à la surface de la terre des cercles dont le diamètre est plus ou moins grand, et dont le centre, se déplaçant sans cesse lui-même, marche de l'équateur vers les régions septentrionales, en décrivant une courbe parabolique. Le sens du mouvement du vent tournant est assujetti à une loi précise : d'un côté de la ligne, le mouvement de rotation se fait dans le même sens que celui des aiguilles de nos montres ; de l'autre côté, dans notre hémisphère, le sens du mouvement est l'opposé. Ces cyclones sont de fait d'immenses colonnes, tournant sur elles-mêmes, et descendant des parties supérieures de l'atmosphère, où est leur *maximum* d'intensité, jusqu'à la surface terrestre. La production de ces tourbillons dans le haut de l'atmosphère s'explique sans trop de difficulté. — L'air, continuellement chauffé et dilaté sous les tropiques, continuellement refroidi et contracté vers les pôles, remonte sans cesse, à l'équateur, de la surface du sol vers les régions supérieures de l'atmosphère, pour couler vers le pôle boréal dans notre hémisphère, vers le pôle austral dans l'hémisphère Sud. Par suite du mouvement de la terre sur son axe et par suite du changement continu de direction de cet axe par rapport au soleil, l'uniformité de ce mouvement de l'air est rompue ; il se fait par intermittences dépendant des saisons et d'une foule d'autres circonstances ; il se localise en quelque sorte dans l'atmosphère, il s'y opère sous forme de courants distincts ressemblant à d'immenses fleuves ou torrents gazeux coulant au milieu d'une masse gazeuse en repos. Sur les bords de ces fleuves, il peut et il doit se produire, par moment, des tourbillons comme ceux qui se produisent dans nos fleuves aqueux entre le courant principal et les rives solides.

M. Faye a montré qu'il existe une analogie remarquable entre ce qui se passe ainsi dans notre atmosphère et ce que nous observons journellement à la surface du soleil[1]. On sait que les taches qui se manifestent si fréquemment sur l'astre-géant, autour du-

[1] Le lecteur qui s'intéresse à ces belles questions trouvera, dans le *Bulletin* de notre Société pour l'année 1864, un exposé très-succinct que j'ai fait de la théorie de M. Faye sur la constitution du soleil. — Cette théorie est acceptée aujourd'hui sans conteste par la plupart des astronomes.

quel nous tournons, sont d'immenses ouvertures en forme d'entonnoir, qui se produisent dans la *photosphère*, dans la partie de l'atmosphère solaire d'où émane la lumière. En jetant un regard sur les magnifiques dessins de taches solaires, gravées aujourd'hui dans un grand nombre d'ouvrages élémentaires d'astronomie physique (voyez *Le Soleil*, de Secchi ; *Le Ciel*, de Guillemin, etc.), le lecteur pourra s'assurer lui-même que les contours de beaucoup de ces taches accusent, à ne pas s'y méprendre, un mouvement circulaire, gyratoire, autour d'un point central. Les causes qui engendrent les cyclones, dans l'atmosphère du soleil et dans l'atmosphère terrestre, sont, non certes identiques, mais du moins analogues entre elles. — Ce que l'échauffement de l'air par la radiation solaire produit dans l'atmosphère terrestre, le refroidissement, dû à la radiation vers l'espace, le produit au sein de l'atmosphère solaire. Toutefois, pour pousser la comparaison plus loin, pour arriver à des notions tout-à-fait correctes quant à la *météorologie solaire*, il faudrait introduire ici quelques facteurs très-importants, qui sont relatifs à l'état interne de la masse solaire, et qui nous sont absolument *inconnus*.

Nous venons de trouver une réponse tout-à-fait plausible à la première question que nous nous sommes posée plus haut. Par un ensemble de raisons qu'il est aisé de comprendre, les vitesses de l'air sont, dans de certaines circonstances, d'une intensité considérable dans les hautes régions de l'atmosphère ; et si l'on admet que les courants doués d'une pareille intensité peuvent, en prenant la forme gyratoire, la forme d'un tourbillon, se propager du haut en bas sans trop s'affaiblir, on arrive à rendre compte d'une manière satisfaisante de tous les effets que nous voyons produits, non-seulement par les cyclones, mais même par les trombes.

Je dis : *si l'on admet*...... mais ici vient se présenter d'elle-même la seconde question que j'ai annoncée plus haut. — Est-il réellement possible que la propagation d'un tourbillon, grand ou petit en dimensions, se fasse ainsi de haut en bas, dans une masse gazeuse en repos et bien au-dessous du courant d'air intense qui l'a engendré dans les hautes régions ?

Nous allons voir que le fait est à la rigueur admissible tel quel pour les cyclones ; mais qu'il ne l'est plus du tout pour les trombes, à moins que nous ne posions une *hypothèse accessoire*.

Concevons un réservoir très-élevé, ouvert par le haut, fermé par en bas et rempli d'eau. Dans la partie supérieure du liquide, faisons tourner un croisillon horizontal monté sur un axe vertical. Il est évident que le liquide compris entre les ailettes tournera aussi vite qu'elles autour de l'axe vertical ; il se constitue ainsi un tourbillon dans les *régions supérieures* de notre réservoir. Les couches horizontales en mouvement frotteront sur les couches en repos situées au-dessous d'elles, et leur communiqueront leur mouvement de rotation. Comme la cause du *tourbillon* (notre croisillon) est toujours en action, ce mouvement se communiquera de proche en proche, par le frottement des couches horizontales les unes sur les autres. Toute la masse d'eau finira par tourner autour de l'axe du cylindre. Il va sans dire que, bien que le tourillon continue de tourner, la vitesse de rotation ira pourtant en diminuant du haut en bas, par suite des frottements du liquide contre les parois du cylindre. A l'eau nous pourrons, dans cette expérience, substituer de l'air, sans rien changer au phénomène dynamique. Mais n'y aura-t-il non plus rien de changé si nous supprimons les parois de notre cylindre, si nous faisons tourner notre croisillon dans les parties supérieures d'une masse, *indéfinie* en étendue, d'eau ou d'air ? Il est facile de voir qu'en ce cas les choses se passeront tout autrement. De même que le mouvement gyratoire se communique de haut en bas par le frottement des couches horizontales les unes sur les autres, de même il se communiquera *latéralement*, si aux parois solides nous substituons des parois liquides ou gazeuses. Le tourbillon sans doute descendra encore comme dans notre cylindre, mais en même temps il *s'étalera en largeur*, il affectera la forme d'un cône dont la base sera sur le sol et dont la partie la plus étroite se trouvera immédiatement au-dessous du tourillon. A cette base, la vitesse angulaire *et absolue* de l'eau ou du gaz sera nulle vers le centre ; elle ira en croissant jusque vers la moitié du rayon, puis elle ira en diminuant jusqu'aux bords, jusqu'à la circonférence extrême. — Ce que nous venons de dire se passera rigoureusement en grand dans la nature. Si nous supposons que dans les parties supérieures de l'atmosphère il se produise un tourbillon très-violent, ce mouvement gyratoire se communiquera de haut en bas, mais aussi latéralement; il *s'éparpillera* sur une surface beaucoup plus grande. Si nous pouvions *voir* l'air et son mouvement, le tourbillon aurait l'apparence indiquée sur la figure 4, où les parties les plus ombrées représentent celles qui possèdent la plus grande vitesse. — J'ai mis les temps des verbes au futur et au conditionnel. En les mettant au présent, et en donnant de plus à l'axe de notre cône un mouvement de translation, nous aurons sous les yeux la réalité d'un cyclone. On sait, en effet, que pour le spectateur qui se trouve sur la route suivie par le centre d'un de ces terribles tourbillons, le vent commence à souffler *graduellement*, parvient plus ou moins vite à son maximum d'intensité, diminue de nouveau et cesse complètement; le spectateur se trouve alors au centre du mouvement gyratoire; le baromètre, qui n'a cessé de descendre pendant cette phase de diminution de l'ouragan, est alors à son minimum et se remet à monter; le vent recommence à souffler avec une impétuosité croissante, mais dans une direction précisément opposée à sa première, et passe par des périodes d'intensité symétriques, pour s'arrêter enfin définitivement. Le spectateur alors mesure avec angoisse les dégâts causés par le fléau et se voit parfois au milieu d'une contrée ruinée.

L'interprétation de M. Faye s'applique ici sans restriction, et de la façon la plus plausible. On comprend aisément qu'un tourbillon très-intense, qui se produit sur une très-grande étendue dans les parties élevées de l'atmosphère, puisse, par le frottement des couches horizontales les unes sur les autres, descendre jusqu'à terre, sans que la cause qui l'engendre descende avec lui; on comprend que tout en *s'éparpillant* sur un cercle de très-grand diamètre, tout en perdant en route de son intensité par les frottements latéraux, il conserve encore une grande violence à terre. Je parle d'un cercle d'un *grand* diamètre. On sait que quel que rapide que soit la marche de l'axe du cône, le calme si sinistre, qui règne au centre, dure parfois plusieurs heures, pour le spectateur qui se trouve sur sa route.

Mais ce que nous venons de dire des cyclones cesse d'être admissible quant aux trombes. La forme de celles-ci est en effet tout l'inverse de celle des premiers, et sous tous les rapports. La trombe constitue un cône bien net dont la partie évasée se trouve en haut, dont la partie contractée se trouve en bas, fig. 3. Ainsi que je l'ai déjà fait remarquer, comme dimension elle est un infiniment petit par rapport au cyclone; comme intensité, elle surpasse au contraire les plus violents de ceux-ci. Un tourbillon, se propageant de haut en bas par frottement des couches aériennes horizontales les unes sur les autres, ne saurait, en un mot affecter à terre les caractères que présente une trombe; d'un autre côté, la plupart des trombes arrivent par un temps relativement calme; ce n'est pas non plus le vent des régions inférieures qui peut contribuer à les engendrer. — Et pourtant la critique de M. Faye met hors de doute que les principaux phénomènes que présentent les trombes relèvent d'un mouvement gyratoire très-vif de l'air. Comment donc résoudre cette espèce de contradiction dans les termes? Rien n'est plus facile, à ce qu'il me semble; rien de plus clair à concevoir. Aux tourbillons de la première espèce, à ceux qui se propagent de haut en bas par simple frottement, à ceux qui plus que probablement sont capables d'engendrer les cyclones, il suffit de substituer ceux de la seconde espèce, qui ont fait l'objet de notre étude dans le premier paragraphe de ce travail. En d'autres termes plus précis, au mouvement gyratoire horizontal, *des plus violents*, qui constitue un tourbillon dans les hautes régions de l'atmosphère, il suffit d'ajouter un mouvement beaucoup *plus faible* dirigé de haut en bas, dans le sens de l'axe de rotation. Tout alors s'explique : le tourbillon ne se communique plus de proche en proche par frottement; il descend de toutes pièces, dans toute son intégrité, comme violence; de plus il descend nécessairement en *s'amincissant*, en se *contractant*, bien loin de s'éparpiller en surface. Avant d'aller plus loin, je dois préciser autant qu'il m'est possible. Lorsque je parle d'un courant d'air dirigé de haut en bas, ce n'est en aucune façon d'une *tempête verticale*, ni même d'un *vent vertical* quelque peu *violent* qu'il s'agit : une vitesse minime, infiniment faible, par rapport à celle du tourbillon dans le sens horizontal, suffit parfaitement pour rendre compte de tout. — On me demandera sans doute de quel droit l'on grefferait ainsi une hypothèse sur une autre. J'ai en effet tort de parler d'hypothèse. Si une trombe se propageait de haut en bas par le frottement des couches horizontales les unes sur les autres, on ne la *verrait* pas, car il n'y aurait entre le tourbillon supérieure et la terre que de l'air invisible en mouvement ; on ne verrait que les dégâts commis sur le sol. Or ce n'est pas ainsi que le phénomène se passe. Non-seulement il descend du mouvement, mais tout ce qui constitue la nuée orageuse descend aussi : air saturé de vapeur d'eau invisible, eau en poussière visible, électricité...... L'existence du courant vertical indispensable pour convertir un tourbillon de la première espèce en un tourbillon de la seconde espèce, indispensable pour donner à la trombe l'ensemble de caractères qu'elle affecte, cette existence, dis-je, n'est point une hypothèse, c'est un fait pur et simple qu'il s'agit d'expliquer à son tour. Et cette explication n'est point difficile au cas particulier. Sans faire jouer à l'électricité le rôle du *Deus ex machina* que tant de physiciens, même réservés, lui ont prêté, on peut très-bien admettre que quand un tourbillon violent se produit dans les régions supérieures de l'atmosphère et dans une nuée orageuse, les charges électriques se disposent autrement que dans un orage ordinaire, qu'elles se *concentrent*, se *localisent* en quelque sorte, et qu'il résulte de là entre la terre et le nuage une attraction suffisante pour faire *couler* celui-ci vers le sol. Tous les faits relatés par Peltier prouvent bien positivement que quand la jonction est opérée entre la nuée et la terre, la trombe constitue non-seulement une *machine* mobile, comme l'appelle si justement M. Faye, et une machine formidable, mais encore un *conducteur imparfait* entre les nuages et la terre. On peut donc, sans crainte de hasarder une explication prématurée, attribuer aux attractions électriques le courant d'air vertical, et d'ailleurs relativement très-faible, indispensable pour convertir un tourbillon de la première espèce en un tourbillon de la seconde espèce.

En définitive, nous voyons que par cette substitution d'une espèce de tourbillons à une autre, l'interprétation générale de M. Faye, appliquée au cas particulier des trombes, répond à toutes les exigences des faits observés.

Avant de terminer ce travail, et d'ailleurs sans sortir le moins du monde de notre sujet, je m'arrête sur quelques contradictions ou oppositions, qui semblent exister entre les vues générales de M. Faye et celles que j'ai développées moi-même dans notre *Bulletin* (1870, 11e année, pages 281 à 351, *Introduction à l'étude météorologique de l'Alsace*). Je vais montrer que ces contradictions n'existent nullement en réalité, et qu'elles ne prennent naissance que quand, dans l'interprétation de certains phénomènes, on se laisse aller à l'exclusivisme, écueil où se brise si souvent l'esprit humain, sous mille autres rapports.

Le progrès accompli par M. Faye dans la météorologie, et définitivement acquis à la science, a consisté à ramener à une même classe un grand nombre de phénomènes naturels entre lesquels on n'avait aperçu aucun rapport, et de plus à rapporter ces phénomènes à un même ordre de causes. Ce progrès est immense.

En comparant ce qui, sous les yeux des astronomes, se passe à la surface du soleil avec ce qui se passe dans notre atmosphère terrestre, M. Faye a spécifié et caractérisé une classe de mouvements, dont on avait jusqu'ici tout au moins méconnu l'importance : Les *mouvements gyratoires*, s'accomplissant autour d'un axe plus ou moins vertical, mobile lui-même dans la masse atmosphérique ; mouvements qui prennent naissance dans les plus hautes régions de l'atmosphère et qui se propagent de haut en bas : sur la terre, jusqu'à la surface solide ou liquide ; sur le soleil, jusqu'à une profondeur inconnue, mais en tous cas très-grande. M. Faye, non-seulement ramène ainsi à une même classe les tornados, les typhons, les cyclones, les trombes, mais il montre que nos orages ordinaires eux-mêmes, outre le mouvement de translation qui nous les amène, sont presque toujours accompagnés de mouvements de rotation autour d'un axe mobile.

C'est sur ces derniers phénomènes que j'appelle surtout l'attention de mes lecteurs. On sait aujourd'hui que, bien loin d'être un phénomène local comme on peut être porté à le croire, les orages nous viennent toujours de très-loin, et sont amenés des mers tropicales par les vents du Sud, qui, par suite du mouvement de la terre sur son axe, prennent dans nos régions la direction du S. S. O. Je montrerai toutefois tout-à-l'heure comment dans ce phénomène si général qu'il puisse être, il faut faire entrer en ligne de compte certaines actions locales; occupons-nous d'abord des vues nouvelles que M. Faye a développées sur la formation même des orages. — Deux faits principaux caractérisent ce que le public, comme les savants, appellent un orage: 1° les éclairs et le tonnerre, c'est-à-dire les décharges électriques, dues à des accumulations inégales d'électricité dans les nuées; 2° la grêle, qui, quoiqu'elle ne se manifeste pas nécessairement toujours, ne se montre pourtant qu'avec des nuées fortement électrisées.

Lorsque nous disons que les orages nous viennent toujours de loin, cela ne signifie point qu'ils nous arrivent tout formés et de toutes pièces. Ce qui vient des régions équatoriales, ce sont les fleuves aériens saturés de vapeur d'eau des mers; quant à l'électricité, dont les manifestations constituent seules pour nous l'orage, cette vapeur la trouve sur sa route et s'en charge en se condensant. Quelle est l'origine de cette électricité? Je n'ai pas à rappeler ici toutes les explications qui ont été proposées par les physiciens. Volta, Saussure et plus tard Pouillet ont fait de nombreuses expériences, démontrant que les actions chimiques qui ont lieu pendant le développement des plantes et par l'évaporation de l'eau sous la radiation solaire sont des sources puissantes d'électricité. Mais s'il est incontestable que ce sont là des causes réelles de production d'électricité libre dans l'air atmosphérique, il est tout aussi certain que ces causes sont tout-à-fait insuffisantes pour rendre compte des quantités colossales d'électricité qui se manifestent pendant un orage, ou plutôt pendant les nombreux orages qui éclatent en certaines années jusque dans les régions les plus septentrionales. On sait d'ailleurs que l'air est tout aussi chargé d'électricité en hiver qu'en été et que les aurores boréales, qui ne sont autre chose que le résultat de décharges électriques éclatant dans les régions supérieures de l'atmosphère, se manifestent pendant l'hiver, alors que toute végétation est suspendue. L'état électrique de l'atmosphère est certainement dépendant de l'état électromagnétique de notre globe terrestre et il est probable que ce dernier lui-même relève de l'action de la radiation solaire combinée avec le mouvement de rotation de la terre sur son axe. J'ajoute qu'à cet égard, c'est à peine si l'on peut dire que la science commence à *entrevoir* la vérité.

Quoiqu'il en soit, si la question de l'origine de l'électricité atmosphérique est encore fort loin d'être résolue, du moins sait-on d'une manière à peu près certaine où l'électricité se *localise;* et c'est tout-à-fait ailleurs qu'on ne le pensait autrefois. Chacun connaît l'espèce de nuages floconneux, légers et toujours extrêmement élevés, que les météorologistes appellent les *cirrhus.* Ces nuages sont formés par des aiguilles de glace très-déliées, qui flottent dans les plus hautes régions de l'atmosphère. Ces nuages si singuliers sont presque toujours fortement chargés d'électricité.

C'est dans les hautes régions atmosphériques que M. Faye cherche la raison, la cause de l'électrisation continue des nuages orageux. « La source, dit-il, ce sont ces cirrhus et leurs aiguilles de glace; le conducteur (qui amène l'électricité aux nuages), ce sont ces mouvements tourbillonnaires qui s'établissent au sein des cirrhus et se prolongent jusqu'à la région bien inférieure où se forment les lourdes nuées des orages. »

J'arrive maintenant naturellement à l'une de ces questions sur lesquelles les idées de M. Faye semblent en contradiction complète avec celles que j'ai développées dans ce *Bulletin* en 1870. — De même que M. Faye cherche la source de l'électricité des orages dans les régions extrêmes de l'atmosphère, de même c'est là qu'il cherche aussi l'origine du froid intense nécessaire pour expliquer la formation de la grêle. — Les recherches de Pouillet nous ont appris que la température de l'espace interstellaire s'abaisse au moins à 150° au-dessous du zéro de notre thermomètre. C'est donc aussi là la température de l'air aux limites de l'atmosphère, et c'est ce qui explique l'existence de ces cirrhus, constitués par des aiguilles de glace. Supposons qu'un tourbillon amène cet air glacial et les aiguilles de glace elles-mêmes au sein d'un nuage orageux. Le résultat sera la congélation instantanée d'une partie de l'eau en vapeur ou déjà en poussière liquide qui forme ce nuage.

M. Peslin et moi, et plus tard M. Reye, nous sommes partis d'un point de vue tout opposé pour expliquer la grêle. En nous appuyant sur l'une des équations les plus remarquables de la thermodynamique, nous avons montré que, par la détente que subit l'air dans un courant que l'on suppose ascendant et vertical, il se produit un abaissement de température plus que suffisant pour déterminer la congélation de l'eau en poussière qui constitue un nuage.

Il semble qu'entre ces deux points de vue, il existe une contradiction formelle, telle que l'un exclut nécessairement l'autre. Que le lecteur cependant ne rie point et ne me renvoie pas à mon tour à la fable du *Satyre et du Passant*, lorsque je dirai que, non-seulement ces deux manières d'expliquer le froid sont justes, mais qu'elles s'appliquent peut-être parfois simultanément à la formation de la grêle. — Un gaz qui se détend, de l'air qui monte de la surface de la terre vers le haut de l'atmosphère, se refroidit. Un gaz que l'on comprime, de l'air qui descend du haut de l'atmosphère vers le sol, s'échauffe. Cet énoncé, parfaitement correct *et vérifié expérimentalement*, semble donner complètement tort à l'interprétation de M. Faye. Mais la même équation de thermodynamique nous apprend aussi que la température finale que prend un gaz, par la compression ou la détente, dépend de la température initiale. Ainsi pour spécifier par un exemple, au lieu de donner d'inutiles explications, de l'air à vingt degrés centigrades qui s'élèverait à 6270 mètres de hauteur, passerait de la pression $0^m,760$ à la pression $0^m,346$ et tomberait de vingt degrés *au-dessus de zéro* à quarante degrés *au-dessous*. D'un autre côté, de l'air, qui descendrait d'une hauteur où sa pression n'est plus que 0m,05 à l'altitude de 6270 mètres, où sa pression est 0m,346, s'échaufferait de 140 à 40 degrés, *au-dessous* de zéro aussi. Ces deux courants d'air, l'un ascendant et d'abord à 20°, l'autre descendant et d'abord à —140°, produiraient par suite absolument le même effet réfrigérant sur le nuage orageux où ils pénétreraient. — En météorologie, on peut donc, sans aucun contre-sens et en faisant l'application la plus correcte des données de la physique moderne, chercher en bas tout aussi bien qu'en haut l'origine du froid nécessaire pour produire la grêle. Il ne s'agit pas ici de vaines spéculations, il s'agit d'une question de fait, pure et simple, que nous devons chercher à éclaircir par la discussion des faits observés.

Certains faits militent en faveur de l'interprétation de M. Faye. L'origine qu'elle attribue à l'électricité en jeu dans les nuées orageuses est des plus plausibles, on pourrait peut-être dire des mieux démontrées déjà. Or si les cirrhus et l'air où ils flottent peuvent descendre pour amener aux nuées leur électricité, il est tout aussi admissible qu'ils peuvent, dans de certaines conditions, y amener le froid, et la congélation de la vapeur aqueuse. De l'air à —40 degrés, déjà chargé d'*aiguilles de glace*, doit même en ce sens agir plus efficacement que celui qui, venant d'en bas, en est privé. Chacun sait qu'après un fort orage, surtout accompagné de grêle, l'air est toujours rafraîchi, et parfois pour plusieurs jours; ce sont, soit dit digressivement, les orages printaniers qui, pour la plupart du temps, nous amènent les gelées si désastreuses du mois de mai, que le public attribue à l'influence maligne de la *lune rousse*. Ce fait d'observation, tout-à-fait général, s'explique plus facilement dans l'hypothèse des tourbillons descendants que dans celle des courants ascendants. Celle que j'ai donnée, à ce dernier point de vue, dans mon « Introduction... », est plausible et rationnelle; j'avoue cependant que celle qu'on tire de l'interprétation de M. Faye est plus facile à généraliser. — Un autre caractère général que présentent les averses de grêle est aussi très-simple à saisir dans l'interprétation de M. Faye. On sait que les ravages de la grêle n'ont, pour la plupart du temps, que peu d'étendue en *largeur*, tandis qu'ils s'exercent parfois sur des trajets très-considérables, mais en procédant toutefois par intermittences, c'est-à-dire que sur une même ligne parcourue, la grêle cesse par moment, pour tomber avec force un peu plus loin. Ce fait ne me semble pas facile à expliquer dans la théorie des courants ascendants ; il forme au contraire l'un des caractères saillants de la marche des tourbillons.

Voyons d'un autre côté les faits qui parlent en faveur de l'interprétation tirée, par M. Peslin et moi, des principes de la thermodynamique. — La grêle, on le sait, ne frappe pas indifféremment toutes les localités situées en apparence dans les mêmes conditions topographiques. Les Compagnies d'assurance contre la grêle ont appris depuis longtemps à leurs dépens que, dans un *même* département, certaines régions sont atteintes presque chaque année par le fléau, tandis que d'autres jouissent d'une immunité complète. Il me semble très-difficile de concilier ce fait avec une interprétation qui attribuerait *exclusivement* l'origine de la grêle à des tourbillons, descendant des régions supérieures de l'atmosphère. J'insiste sur l'adverbe *exclusivement*. Le fait s'explique au contraire d'une façon très-plausible dans l'autre interprétation. La forme du terrain, les accidents de la surface peuvent en effet très-bien modifier la direction des courants d'air inférieurs, les faire monter ou les laisser horizontaux ; il peut en être ainsi de la nature même du sol : telle partie pouvant s'électriser plus fortement que telle autre sous l'action des nuées, il est très-permis d'admettre qu'il résulte de là des modifications dans les courants d'air que provoquent les attractions et les répulsions électriques. — L'action puissante exercée par les grandes chaînes de montagnes sur le climat d'un pays entier peut être reproduite en diminutif par de légers accidents de terrains et se manifester, dans tel ou tel phénomène météorologique en particulier. Je dis l'action puissante. On sait qu'il pleut, qu'il neige, qu'il grêle plus sur les montagnes que dans la plaine. Dans mon « Introduction... », je me suis étendu comme il convenait sur ce fait, au point de vue de l'action de la chaîne des Vosges en particulier. Je ne rappellerai ici qu'un phénomène qui est de nature à étonner chacun, et que j'ai expliqué dans un de mes tout premiers travaux de thermodynamique. Fort souvent, par un ciel très-clair dans la plaine, les sommets des Vosges sont couverts d'une calotte de nuages épais, qui restent parfaitement immobiles, en dépit du vent qui souvent souffle avec assez de force du S. S. O. On se tromperait étrangement si l'on pensait que ce sont les *mêmes* nuages qui restent ainsi à poste fixe; lorsqu'on se trouve sur l'un des sommets et au milieu des nuées, on voit distinctement la poussière aqueuse, qui forme celle-ci, voler rapidement, emportée par le vent. J'ai eu le plaisir de voir ce même fait signalé par Darwin, dans la relation de son voyage en Amérique (1832). Etant en séjour auprès au mont Corcovado (Rio de Janeiro), le grand naturaliste a eu fréquemment occasion d'observer des nuages qui paraissaient arrêtés au sommet du mont: « Et cependant, dit-il, on voyait distinctement ces nuages, emportés par la brise de mer, filer rapidement bien qu'ils ne changeassent nullement de dimensions. » Le fait s'explique de la façon la plus simple. L'air humide, mais limpide, se détend et se refroidit, lorsque son mouvement l'entraîne sur la pente ascendante d'une montagne; et lorsque ce refroidissement est suffisant la vapeur aqueuse se condense en une poussière qui forme un nuage; de l'autre côté de la montagne, l'air, en descendant, se trouve peu à peu comprimé, il se réchauffe et l'eau en poussière s'évapore de nouveau; l'air redevient limpide.

L'action réfrigérante d'un courant d'air ascendant ne peut, comme on voit, être contestée; il s'agit seulement de savoir si pendant un orage, de tels courants se produisent effectivement. Remarquons tout d'abord qu'il ne s'agit pas ici d'une *tempête verticale* ascendante. Un courant très-modéré suffirait parfaitement pour tout expliquer. Mais puisque nous sommes obligés d'admettre l'existence d'un courant descendant, très-faible aussi, pour expliquer correctement la formation d'une trombe, la descente d'un tourbillon du haut des nuées jusqu'à terre, rien absolument ne nous autorise à rejeter la possibilité d'un courant ascendant. Il n'est pas difficile de trouver diverses explications plausibles de la production de ces courants ascendants; et je pense que toutes trouvent leur application réelle dans la nature; je n'en citerai qu'une, que personne certes ne trouvera inadmissible. — De même qu'il se produit des tourbillons à axes verticaux sur les flancs d'un *torrent aérien* qui coule au milieu d'une atmosphère immobile dans l'ensemble de sa masse, de même il peut et, j'ajoute, il doit se produire parfois des tourbillons à *axe horizontal*, au-dessous de tels torrents. Lorsque, par exemple, le vent du S. S. O., qui nous apporte un orage, souffle avec impétuosité dans le haut de l'atmosphère, alors que le calme (*relatif*) règne encore dans les régions inférieures, il peut et il doit certainement se produire fréquemment des mouvements gyratoires, des tourbillons à axes horizontaux d'un très-grand diamètre, mais dont l'étendue en longueur peut être limitée dans la direction de l'axe; le résultat d'un pareil tourbillon sera visiblement la production de deux courants, l'un ascendant, l'autre descendant.

En résumé, on voit qu'entre l'interprétation si remarquable et si générale, par laquelle M. Faye a groupé en une même classe et expliqué tout un ensemble de phénomènes météorologiques, et l'interprétation par laquelle M. Peslin et moi nous avons expliqué la formation de certains nuages, des pluies d'orages, de la grêle, etc. etc., il n'existe aucun antagonisme réel tendant à faire exclure l'une complètement aux dépens de l'autre. — Et s'il m'est permis d'émettre, sous la forme la plus réservée d'ailleurs, mon opinion personnelle, je dirai que les deux interprétations ne peuvent pas être disjointes, qu'elles doivent en quelque sorte se donner la main, si l'on veut rendre compte correctement d'un grand phénomène aussi complexe que celui qui constitue un orage.

Note I.

Je dis (page 215) que les circonstances dans lesquelles se forment les tourbillons de la seconde espèce doivent se présenter très-rarement en grand dans la nature : depuis que j'avais écrit ces lignes, je les ai pourtant vues se réaliser sur une échelle assez notable, dans un canal creusé de main d'homme, il est vrai, mais débitant près de 5000 litres à la seconde. Ce canal, rectangulaire, de 8 mètres de largeur sur $1^m,3$ de profondeur, est traversé par un pont en pierre, voûté, établi comme l'indique la figure 5. Par suite de la forme de la voûte et de la réduction de section, l'eau tournoie sans cesse dans les angles *A* et *B* ; il s'y produit à tous moments de forts tourbillons de la première espèce, ce qui est facile à comprendre. Mais il s'y en produit aussi fréquemment de la seconde espèce, et en voici la raison. Par la construction de la voûte, la section est beaucoup plus réduite dans le haut du lit que dans le bas ; l'eau coule librement et rapidement dans le fond du canal et est au contraire barrée dans la partie supérieure ; il se produit donc dans les angles un léger courant dirigé de haut en bas. C'est ce courant qui fait descendre le tourbillon superficiel *en le concentrant*, et qui le transforme en une véritable trombe. On voit se former un tube conique dont la pointe descend jusqu'au fond du canal et dans lequel l'air se précipite avec bruit ; des objets légers (du bois, du papier) qu'on jette dans ces tourbillons, descendent ou plutôt *tombent* jusqu'en bas, en tournant sur eux-mêmes avec une vivacité extraordinaire.

Tout en reléguant au rang des légendes ou même de la fable les gouffres dont les navigateurs signalaient l'existence dans la Méditerranée ou dans l'Océan, on peut cependant admettre que les tourbillons de la seconde espèce ne sont point absolument impossibles, même en pleine mer. Il suffirait, pour y donner naissance passagèrement, de la co-existence d'un tourbillon *superficiel* produit par une tempête et d'un courant *sous-marin* capable de déterminer l'aspiration nécessaire dans le sens vertical. — Disons toutefois que jusqu'ici aucune relation véridique de naufrage ne nous autorise à attribuer effectivement à un tel tourbillon la perte d'un navire.

Note II.

Pendant l'impression de ce travail, j'ai pu avoir, grâce à l'obligeance de M. le maire d'Offendorf, des renseignements exacts sur la trombe qui, le 24 mai, a ravagé plusieurs communes du Bas-Rhin. Les dégâts du météore ont consisté en arbres arrachés ou coupés, en maisons nombreuses complètement renversées. D'après le questionnaire que j'ai adressé à M. le maire d'Offendorf, et qu'il a bien voulu remplir ponctuellement, les objets atteints ne présentaient aucun caractère particulier : le feuillage des branches d'arbres déracinés est resté vert ; on n'a remarqué nulle trace de fusion sur les pièces métalliques des maisons renversées, etc., etc.

La trombe n'a laissé aucune odeur (ozône) ; on n'y a observé aucune lumière, aucune lueur électrique; les éclairs et le tonnerre, qui étaient très-forts et fréquents avant son arrivée, ont complètement cessé pendant et après son apparition ; sa couleur était noire et l'apparence était celle d'une fumée très-épaisse.

Le fait sur lequel sont d'accord tous les témoins, c'est l'existence du mouvement gyratoire de la colonne partant du nuage et faisant corps avec lui. « Le mouvement était circulaire, me répond M. le maire, et avait l'apparence d'un tourbillon. » C'est d'ailleurs ce qui est confirmé par la position relative des arbres renversés. — La trombe a enlevé et porté à près de 500 mètres de distance des arbres assez lourds. Un enfant a été soulevé à une dizaine de mètres de hauteur et déposé sans aucune blessure ni mal quelconque ; une femme qui s'est trouvée sur le passage de la trombe dit n'avoir éprouvé qu'une peine excessive à respirer. Le météore s'est dissipé en traversant le Rhin ; plusieurs personnes disent avoir vu l'eau enlevée à une certaine hauteur. — Aucun témoin n'a vu la trombe *se former*; elle a été précédée par une averse d'orage très-forte ; sa marche était du S. S. O. au N. N. E.

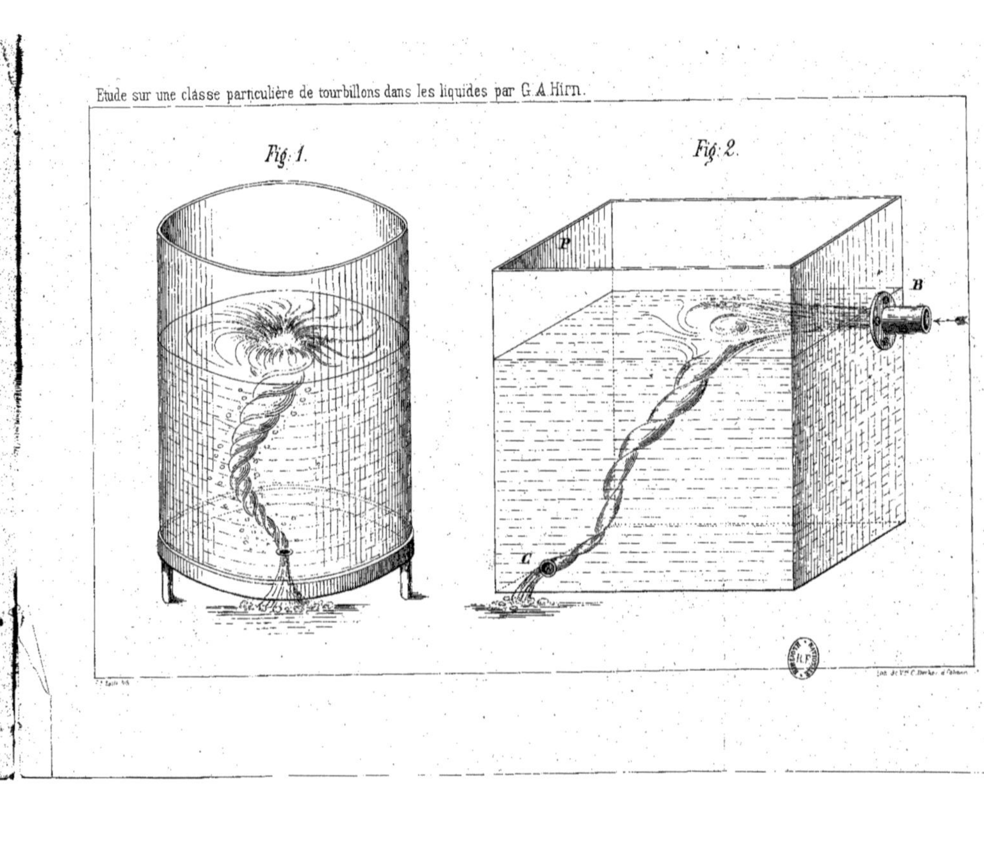
Etude sur une classe particulière de tourbillons dans les liquides par G. A. Hirn.
Fig: 1.
Fig: 2.
P
B
C

Étude sur une classe particulière de tourbillons dans les liquides, par G. A. Hirn

Lith. Vve C. Decker à Colmar.

Etude sur une classe particulière de tourbillons dans les liquides par G. A. Hirn

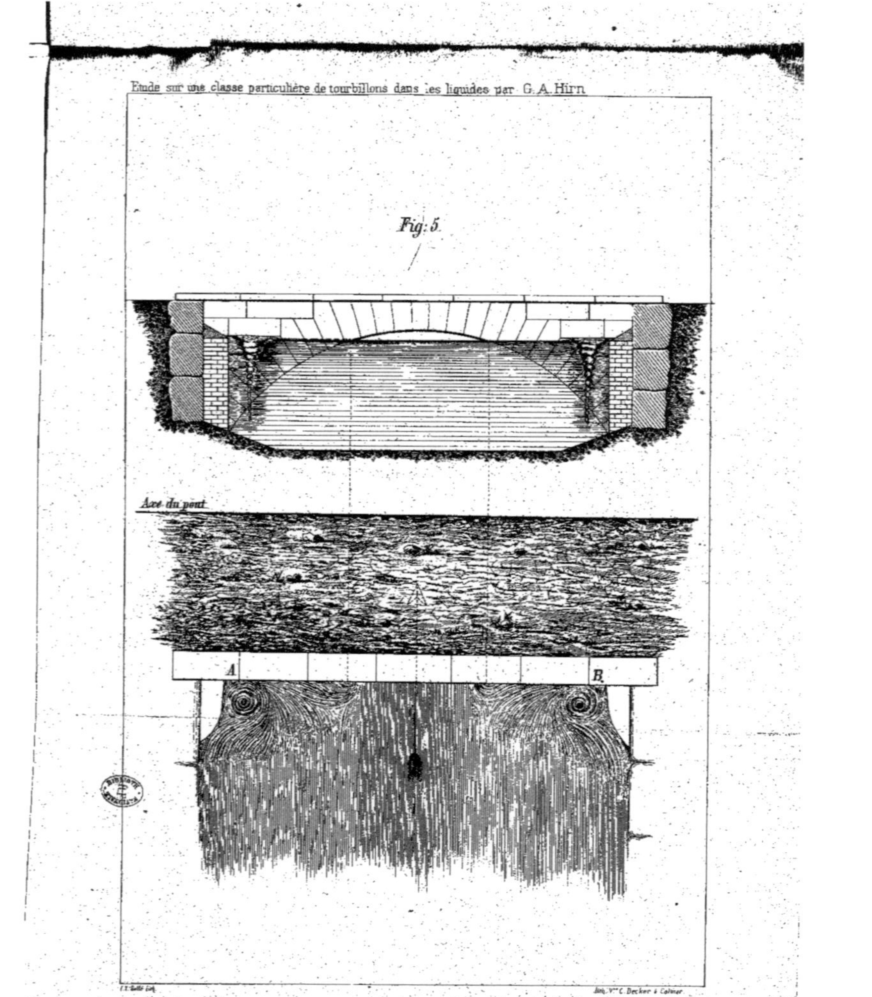

www.ingramcontent.com/pod-product-compliance
Ingram Content Group UK Ltd.
Pitfield, Milton Keynes, MK11 3LW, UK
UKHW020407220726
13923UKWH00004B/1795

9 782019 983130